FISICA QUANTISTICA

Sommario

Introduzione

Oggi ti guiderò nella scoperta della fisica quantistica: un argomento che affascina grandi e piccoli, complice la fama dell'argomento alimentata dal cinema e dalle serie tv che portano gli appassionati e i neofiti alla scoperta di questo mondo. Non avrai bisogno di avere basi matematiche per la lettura di questo libro: ti servirà solo l'attenzione e la voglia di conoscenza.

Ti aiuterò a scoprire come, una materia così difficile, in realtà non è altro che regole e principi che ogni giorno applichiamo alla nostra vita.

Vedrai, alla fine di questa guida sarai in grado di affrontare l'argomento con maestria e padronanza: niente di complicato. Solo il meglio per guidarti in questo fantastico viaggio.

Buona lettura.

CAPITOLO 1

La Fisica Quantistica

La fisica quantistica, conosciuta anche con il nome più comune di meccanica quantistica, è la teoria della meccanica che descrive:

- Come si comporta la materia;

- Cos'è la radiazione;

- Cosa succede e come interagiscono tutti le fenomeniche che stanno alla base dell'energia atomica e subatomica.

Contrariamente alla fisica classica, il compito della fisica quantistica è quello di descrivere la radiazione e la materia sia come fenomeno ondulatorio sia come entità particellare. Il primo a ipotizzarla e successivamente teorizzarla, fu il fisico tedesco Max Planck che, nel 1901, sentì il bisogno di colmare quei vuoti che la fisica classica non riusciva a spiegare, in riferimento soprattutto alle leggi che riguardavano gli elementi microscopici. Lo stesso Planck fu il primo a introdurre il concetto di quanto: lo studio, così rivoluzionario, fece cadere tutte le certezze su cui si era basata fino a quel tempo la fisica e si iniziò a capire come, la conoscenza del reale, fosse in realtà ancora assai lontana dalla spiegazione completa.

La fisica quantistica ebbe il merito di fare da spartiacque con la fisica classica, andando a contribuire alla nascita della più recente fisica moderna, della teoria dei campi, della generalizzazione della formulazione della relatività e anche di tante altre applicazioni della fisica, come quella atomica, quella della materia, quella nucleare e subnucleare, la fisica delle particelle e la chimica quantistica.

La storia della fisica quantistica

Con la fine del XIX secolo, gli studiosi furono incapaci di dare una spiegazione ai comportamenti della materia: la questione più spinosa, riguardava la realtà sperimentale della luce e degli elettroni. Questo limite fu la spinta principale che portò, nella prima metà del XX secolo, allo sviluppo di una fisica differente rispetto a quella fino ad allora conosciuta, con delle teorie che furono formulare sulle basi empiriche e poi basate sulle grandezze, ad esempio l'energia, che potevano variare in base ai fattori chiamati quanti.

Gli atomi furono scoperti da John Dalton, nel lontano 1803: erano i costituenti fondamentali delle molecole di tutte quante le materie. Fu necessario però attendere il 1863 per la scoperta successiva: la tavola periodica classificò e raggruppò tutti gli atomi in base alle proprietà chimiche.

I grandi teorici del tempo, dimostrarono come gli atomi, che si componevano fra di loro per formare le molecole, strutturassero leggi a carattere geometrico. Ma, nonostante queste scoperte, rimanevano ancora ignoti i motivi per i quali gli elementi e le molecole si andassero a combinare rispondendo a leggi regolari e periodiche.

George Stoney, scoprì la struttura interna dell'atomo mentre la scoperta dell'elettrone fu a opera di Rutherford.

La successiva radiazione elettromagnetica, fu elaborata da James Clerk Maxwell nel 1850, e poi teorizzata da Heinrich Hertz quarant'anni dopo; Wien scoprì come un corpo nero, che assorbiva tutte le radiazioni, potesse emettere onde elettromagnetiche con intensità infinita, a lunghezza d'onda corta. Il paradosso di Wien però, non ebbe successo e fu bollato come Paradosso della catastrofe Ultravioletta.

Sempre Heinrich Hertz, nel 1887, fu in grado di osservare come le scariche elettriche, fra due corpi, diventassero conduttori carichi in presenza di corpi esposti a delle radiazioni ultraviolette. Il fenomeno prese il nome di "effetto fotoelettrico": quando questo fenomeno si verificava, l'energia degli elettroni era direttamente proporzionale alla frequenza della radiazione elettromagnetica.

La fisica quantistica, sviluppandosi con i contributi di numerosi fisici per oltre mezzo secolo, fornì spiegazioni tutte soddisfacenti a queste regole all'apparenza empiriche e contraddittorie.

Niels Bohr, nel successivo 1913, ipotizzò un modello che riuniva tutte le evidenze emerse, negli anni, circa la stabilità dell'atomo d'idrogeno. A lui si unirono nomi illustri della fisica: Max Planck,

Albert Einstein, Peter Debye e Arnold Sommerfeld. Il modello vedeva nel moto dell'elettrone dell'atono d'idrogeno, lungo un insieme di orbite chiuse, un moto di tipo circolare ed ellittico. La radiazione elettromagnetica veniva assorbita solo quando un elettrone passava da un'orbita più piccola a una più grande e viceversa.

Insomma, se all'inizio del ventesimo secolo, scienziati e fisici erano certi di aver compreso tutti i principi fondamentali della natura, le ultime scoperte mischiarono nuovamente le carte in tavola, fornendo spiegazioni più moderne e rivoluzionare e contribuendo a capire che, con il passare degli anni, non si può mai finire d'imparare ma che tutto il nostro mondo, compreso quello animale, quello vegetale insieme al mondo reale e a quello mistico, sono una fonte continua di ricerche, scoperte e di studio.

Concetti base della fisica quantistica

La fisica quantistica è entrata nelle nostre vite da ormai più di 100 anni, ma ancora oggi non siamo in grado di dare risposte a tutti i fenomeni. Ovviamente però non possiamo restare indifferenti dalle scoperte passate e dalle più recenti ricerche, che hanno influito sul nostro mondo trasformando i dettami della fisica quantistica in materia da usare nel nostro quotidiano, in vari ambiti e vari aspetti. Alla base della fisica quantistica esistono dei concetti base che rimangono fondamentali. La scienza sperimentale conferma tutte le ricerche e le prove che, giorno dopo giorno, gli scienziati applicano al mondo della fisica. Ogni oggetto, davvero qualsiasi componente che fa parte della nostra vita e che viene usato da noi ogni giorno, ci è stato dato

grazie ai fenomeni quantici e alla fisica quantistica.

La fisica classica

«Cos'è che mette in moto gli oggetti?»
«La forza».
«Cos'è blocca gli oggetti in movimento?»
«La forza».

Quando parlo di fisica classica mi riferisco alla fisica considerata prima della scoperta della meccanica quantistica. Per definizione: *«con il nome di fisica classica si raggruppano tutti gli ambiti e i modelli della fisica che non considerano i fenomeni descritti nel macrocosmo dalla relatività generale e nel microcosmo della meccanica quantistica, teorie che definiscono invece la cosiddetta fisica moderna. Per tale motivo, è possibile classificare come fisica classica tutte le teorie formulate prima del XX secolo, all'iniziare del quale apparvero i primi lavori di Max Planck, basati sull'ipotesi dei quanti. Alcune teorie successive, come la relatività ristretta, possono essere considerate classiche o moderne. Sono quindi comprese nella fisica classica, le teorie sulla meccanica inclusa l'acustica, sulla termodinamica, sull'elettromagnetismo inclusa l'ottica e la gravità newtoniana».*

Degli oggetti, come le particelle, i corpi e i campi, posso essere separati idealmente o concretamente da tutto quello che va a circondali: questo principio fisica viene definito "sistema". Un sistema che coincide con l'Universo, o che sia isolato da non poter influenzare con questo, viene definito "sistema chiuso" e non può scambiare materia o energia con l'ambiente esterno.

L'obiettivo ultimo della fisica classica è quello di "prevedere il futuro": ossia guardare allo stato presente dell'Universo come un effetto del suo passato e una causa del suo futuro. Nella fisica classica, una volta che si conoscere il sistema in un istante temporale, si possono conoscere poi tutte quelle equazioni che ne governano il cambiamento, e quindi si può predire il futuro. Con questo si vanno a definire tutte quelle leggi classiche della fisica deterministica. Se poi le equazioni permettono di conoscere tutto il passato, siamo di fronte a un sistema chiamato "sistema reversibile".

La termodinamica e la teoria cinetica

«La termodinamica è la branca della fisica classica e della chimica che studia e descrive le trasformazioni termodinamiche indotte da calore a lavoro e viceversa in un sistema termodinamico, in seguito a processi che coinvolgono cambiamenti delle variabili di stato temperatura ed energia. La termodinamica classica si basa sul concetto di sistema macroscopico, ovvero una porzione di massa fisicamente o concettualmente separata dall'ambiente esterno, che spesso per comodità si assume non perturbato dallo scambio di energia con il sistema isolato: lo stato di un sistema macroscopico che si trova in condizione di equilibrio, è specificato da grandezze dette variabili termodinamiche o funzioni di stato come temperatura, pressione, volume e composizione *chimica. Le principali notazioni in termodinamica chimica sono state stabilite dall'unione internazionale di chimica pura e applicata».*

La termodinamica è la braca della fisica che studia e descrive le trasformazioni, chiamate "trasformazioni termodinamiche", che vengono subite da un sistema fisico, chiamato sistema termodinamico", a seguito di processi che vedono coinvolta la trasformazione della massa e dell'energia. La termodinamica si basa sul concetto che un sistema macroscopico, quindi la porzione di massa fisicamente separata dall'ambiente esterno, si presenta non perturbata dallo scambio di energia con il sistema stesso. Lo stato del sistema macroscopico, che è in condizione di equilibrio, viene specificato da alcune grandezze che sono chiamate "variabili termodinamiche" ma anche "funzioni di stato". Tra queste troviamo: la temperatura, la pressione, il volume e la composizione chimica. La termodinamica vede i suoi postulati principali nei due principi della termodinamica:

1. Primo Principio della Termodinamica

Il primo principio della termodinamica, conosciuto anche con il nome di «legge di conservazione dell'energia», è una legge della teoria della termodinamica e afferma che: «*L'energia di un sistema termodinamico chiuso non si crea né si distrugge, ma si trasforma, passando da una forma a un'altra forma*».

L'enunciato ci dice che esiste una funzione delle coordinate termodinamiche di un sistema, che si chiama energia interna U, le cui variazioni producono degli scambi energetici del sistema in rapporto all'ambiente che lo circonda. Mentre avviene la trasformazione, si dà energia al sistema attraverso un lavoro meccanico fatto di scambio di calore: l'energia rimane immagazzinata sotto forma di energia interna e può essere successivamente riutilizzata.

2. Secondo Principio della Termodinamica

Il secondo principio della termodinamica dice che: *«è impossibile realizzare una macchina ciclica che abbia come unico risultato il trasferimento di calore da un corpo freddo a uno caldo (enunciato di Clausius) o, equivalentemente, che è impossibile realizzare una trasformazione il cui risultato sia solamente quello di convertire in lavoro meccanico il calore prelevato da un'unica sorgente»* (enunciato di Kelvin). *Quest'ultima limitazione, nega la possibilità di realizzare il moto perpetuo di seconda specie. L'entropia totale di un sistema* isolato, rimane invariata quando si svolge una trasformazione reversibile e aumenta quando si svolge una trasformazione irreversibile».

Il secondo principio quindi parla dell'irreversibilità di molti eventi termodinamici, come ad esempio il passaggio di calore da un corpo caldo a un corpo freddo. Rispetto alle altre leggi fisiche, questo principio è legato alla freccia del tempo e possiede varie formulazioni equivalenti: una di queste si fonda sull'introdurre una funzione di stata chiamata entropia. L'entropia si può quindi definire a partire dal volume nello spazio delle fasi che occupano il sistema in modo da soddisfare il principio. Le formulazioni che stanno alla base di questo principio sono diverse, quelle più importanti sono le seguenti:

- Formulazione di Clausius: «È impossibile realizzare una trasformazione il cui unico risultato sia quello di trasferire calore da un *corpo più freddo a uno più caldo senza l'apporto di lavoro esterno».*

- Formulazione di Kelvin-Planck: *«È impossibile realizzare una trasformazione ciclica il cui unico risultato sia la trasformazione in lavoro di tutto il calore assorbito da una sorgente omogenea».*

- «È impossibile realizzare una macchina termica il cui rendimento sia pari al 100%».

Però nella fisica moderna, la formulazione più usata è quella basata sulla funzione entropia: «In un sistema isolato l'entropia è una funzione non decrescente nel tempo». $(dS/dT) >= 0$

Il principio in questione ha avuto un impatto notevole: sancisce l'impossibilità di realizzare il moto perpetuo di seconda specie per mezzo della non reversibilità dei processi termodinamici e definisce la freccia del tempo.

3. Terzo Principio della Termodinamica

Il terzo principio della termodinamica, può essere così definito: «*È strettamente legato al secondo, e in alcuni casi è considerato come una conseguenza di quest'ultimo. Può essere enunciato dicendo che è impossibile raggiungere lo zero assoluto con un numero finito di trasformazioni*», e fornisce una precisa definizione della grandezza chiamata entropia: «*l'entropia per un solido perfettamente cristallino, alla temperatura di 0 Kelvin è pari a 0. È facile spiegare questo enunciato tramite la termodinamica molecolare: un solido perfettamente cristallino è composto da un solo complessiomi ma sono tutti i modi di disporre le molecole, se le molecole sono tutte uguali indipendentemente da come sono disposte, macroscopicamente il cristallo è sempre uguale e, trovandosi a 0 kelvin, l'energia vibrazionale,* *transazionale e rotazionale delle particelle che lo compongono è nulla per cui, dalla legge di Boltzmann $S=k \ln(1)=0$ dove 1 sono i complessioni, in questo caso solo 1».*

La Teoria Cinetica

Se la Termodinamica si occupa di studiare e descrivere un sistema usando dei paramenti macroscopici, la Teoria Cinetica dei Gas, pone in relazione quei parametri macroscopici (p, V, T), con i valori medi delle grandezze microscopiche.

Nelle fisica, la teoria cinetica dei gas ha il compito di: «*descrivere un gas come un numero di piccole particelle, come atomi o molecole, che sono in movimento casuale costante*». Queste particelle, durante il loro movimento, urtano tra di loro e tra le pareti del contenitore che le accoglie. La teoria cinetica dei gas, quindi, ha l'obiettivo di spiegare quali solo le principali proprietà dei gas, come la pressione, il volume e la temperatura. La teoria è rivoluzionaria perché spiega come la pressione non sia dovuta alla repulsione statica delle molecole, come invece fu ipotizzato da Isaac

Newton, ma è una conseguenza dell'urto contro le pareti da parte delle particelle.

Se, da una parte, le particelle che compongono i gas sono troppo piccole per esser viste, il movimento casuale di polline o polvere, ad esempio, può esser visibile grazie a un microscopio ottico: il processo deriva direttamente dalle collisioni con le particelle elementari che compongono il gas. La rivoluzione si ebbe nel 1905 quando, Albert Einstein, correlò il moto browniano all'esistenza degli atomi e delle molecole che, a quei tempi, erano ancora soltanto una ipotesi. La teoria cinetica, si basa sull'assunzione d'ipotesi:

1. *«Gli effetti relativistici e quantistici sono trascurabili»*;

2. *«Il numero delle molecole è così grande da poter essere usate come metodi statistici»*;

3. «Il volume totale delle molecole dei gas è trascurabile rispetto al volume del contenitore»;

4. «L'interazione che avviene tra le molecole può esser sempre trascurata, tranne quando l'urto avviene in maniera impulsiva»;

5. «Le molecole di cui sono composti i gas sono considerate come punti materiali in moto casuale e a distribuzione uniforme nello spazio seguendo l'ipotesi del caos molecolare»;

6. «Le molecole sono perfettamente sferiche».

Queste ipotesi descrivono, in maniera accurata, il comportamento dei gas ideali: quelli reali invece, avvicinano all'ideale sotto condizioni di bassa densità o alta temperatura, lontani dalla condensazione.

La legge di conservazione dell'energia

La legge di conservazione dell'energia è così definita: «*in un sistema chiuso, l'energia non può essere creata o distrutta*».

La conosciamo grazie al primo principio della Termodinamica, il quale afferma che l'energia si può trasformare in varie forme, come la luce o come il calore, ma che la somma complessiva dell'energia si conserva e rimane costante a prescindere dalla sua forma. Questa legge viene quasi sempre illustrata attraverso un pendolo: una pallina viene rilasciata a un'estremità di un pendolo e sarà uguale all'altezza che la pallina sarà in grado di raggiungere all'altra estremità. La pallina, se si trova in un ambiente privo di attrito, continuerà la sua oscillazione in avanti e indietro per sempre. Essendo uno dei concetti fondamentali della fisica, la legge di conservazione dell'energia è in grado di fornire una spiegazione su come l'energia si conserva e si converta all'interno di un sistema.

In linea generale, una forma di energia si può convertire in un'altra forma di energia: l'energia potenziale, ad esempio, può essere convertita in energia cinetica.

L'energia cinetica di un oggetto è data dall'energia che esso possiede mentre si trova in movimento: l'espressione di tale stato è uguale alla metà della massa dell'oggetto che si va a moltiplicare per il quadrato della velocità dell'oggetto o, come troveresti nei libri tecnici di fisica, espresso nella formula: **KE = 1/2mv2.**

L'energia cinetica è fatta di tre tipologie di energia, abbiamo:

- L'energia cinetica rotazionale: quell'energia dovuta al movimento rotatorio;
- L'energia cinetica transazionale: quell'energia dovuta al movimento del centro di massa da un punto all'altro;
- L'energia cinetica vibrazionale: quell'energia dovuta al movimento vibrazionale.

L'energia potenziale di un oggetto è, quindi, tutta quell'energia che viene immagazzinata mentre l'oggetto è a riposo in un campo di forza: la gravità, così espressa, è quindi quella forza che va ad agire su un oggetto e gli permette di avere dell'energia potenziale. L'energia potenziale include, al suo interno, quantità di energia elettrica, magnetica ed elastica. Facciamo un esempio: prendiamo una pallina e la collochiamo in cima a una collina. Questa pallina ha una quantità di energia immagazzinata che le viene conferita dalla gravità. La legge di conservazione dell'energia afferma che l'energia potenziale di una palla su una collina viene generalmente convertita in energia cinetica quando la palla inizia a rotolare giù per la collina a causa della gravità.

Oppure lo stesso esempio può essere fatto prendendo, al posto della pallina, una molla allungata ed elastica: l'energia potenziale di una molla allungata diventa energia cinetica quando tutta la molla viene rilasciata.

E ancora in un pendolo, l'energia cinetica dice che quando il pendolo si trova nel suo punto più alto, tutta l'energia diventa energia potenziale, azzerando quella cinetica; al contrario, quando il pendolo si trova nel punto più basso, tutta l'energia diventa cinetica, azzerando quella potenziale.

Quindi, l'energia totale della palla è data dalla somma dell'energia potenziale e da quella dell'energia cinetica.

Le applicazioni della fisica quantistica

Le tecnologie di cui oggi disponiamo, apparecchi, macchinari, computer, tablet, telefoni e tanto altro, devono la loro creazione e il loro funzionamento soprattutto alle leggi della fisica quantistica. I campi d'applicazione della fisica quantistica sono vasi e, per evitare confusione, preferisco raggrupparli in due aree ben distinte: da un lato abbiamo l'elettronica e dall'altro l'informatica.

1. L'elettronica

I fenomeni che la fisica studia sono di natura quantomeccanica e, i loro studi, hanno permesso di creare le tecnologie di cui oggi noi tutti disponiamo. La tecnologia opera ed esiste grazie alle leggi e alle ricerche della fisica quantistica e, per semplificare sempre il tuo studio sulla materia, ho deciso di dividere i campi d'applicazione dell'elettronica in tre sfere: analizzeremo i semiconduttori, l'ottica quantistica e l'optoelettronica.

- Semiconduttori

Ossia dei materiali che assumono la resistività superiore a quella dei conduttori, ma notevolmente inferiore a quella degli isolanti. Cosa regola il tutto? La temperatura.

I semiconduttori sono quelli che si trovano alla base di ogni dispositivo elettronico e microelettronico e, la materia che studia le loro proprietà elettriche, è la fisica dei semiconduttori. Ogni conduzione elettrica avviene, all'interno di un solido, quando la banda degli stati elettronici non è totalmente piena: in questo caso la conduzione dei semiconduttori avviene solo ed esclusivamente quando gli elettroni sono stati stimolati e successivamente trasportati in bande con un'energia superiore. La temperatura, in questo settore, veste un ruolo di primaria importanza: quando la temperatura aumenta, possiamo assistere a un incremento dell'agitazione termica degli atomi.

- L'ottica quantistica

L'ottica quantistica è quella parte della fisica che studia i rapporti d'interazione della luce con la materia: questa materia, che ha uno sviluppo assai recente, vide la luce solo negli anni sessanta del XX secolo a seguito della nascita e dello sviluppo primordiale del laser.

L'ottica quantistica parte dallo studio dell'interazione tra la radiazione e la materia: altre materie di studio sono le equazioni di Maxwell-Bloch, la spettroscopia coerente, lo studio delle cavità laser e la loro dinamica, la statistica quantistica e i processi di foto rivelazione.

Uno dei maggiori concetti dell'ottica quantistica può esser così riassunto: «la luce è descritta in termini di operatori di campo quantistici per creare e distruggere i fotoni, usando gli strumenti dell'elettrodinamica quantistica».

- L'optoelettronica

L'optoelettronica è quella parte dell'elettronica, o meglio una delle branche della fotonica, che si occupa di studiare, analizzare e mettere in azione i dispositivi elettronici che interagiscono con la luce e le loro applicazioni. Nell'elettronica, la luce è intesa in senso lato, andando a includere anche le radiazioni elettromagnetiche che non si possono percepire con l'occhio umano come anche i raggi X, i raggi gamma, le radiazioni ultraviolette e le radiazioni infrarosse. La optoelettronica si basa su tutti gli effetti che la luce esercita sui materiali semiconduttori anche in presenza di campi elettrici. L'optoelettronica si utilizza per:

Gli elementi di circuiti ottici integrati;

- I dispositivi d'immagine ad accoppiamento di cariche;
- I foto transistor;
- I fotodiodi e le cellule solari;
- I fotomoltiplicatori;
- I laser e il diodo laser a iniezione;
- Il diodo a emissione di luce;
- Il resistore dipendente dalla luce;
- Il tubo a camera foto conduttiva;
- Il tubo a camera foto emissiva.

Tutte queste applicazioni si possono poi convertire in apparecchi optoelettronici.

2. Informatica

Anche l'informatica deve il suo progresso e i suoi moderni strumenti alla meccanica quantistica. Grazie al lavoro di studiosi e ricercatori, i maggiori apporti all'informatica nati grazie alle leggi e agli studi della meccanica quantistica possono essere visti: nello studio della crittografia quantistica, nella realizzazione e successiva elaborazione dei computer quantistici e nell'informatica quantistica.

- La crittografia quantistica

La crittografia quantistica è un approccio alla crittografia che usa peculiari proprietà della meccanica quantistica nella fase dello scambio della chiave per evitare che questa possa essere intercettata e poi attaccata, senza che le parti se ne accorgano. Grazie a questa notevole rivoluzione, si è detta conclusa la guerra fredda tra la crittografia e la crittoanalisi, che da anni hanno cercato di creare cifrari troppo complessi, usando solo tecniche adatte per essere decriptati. Quando infatti si usa un canale sicuro, lo stesso canale potrà essere usato per scambiare uno o più messaggi.

Questo ha reso la crittografia quantistica in grado di cifrare messaggi in modo tale che nessuno possa mai decifrarli.

- Il computing quantistico

Il computing quantistico è lo studio di un modello di computazione non-classico: una computazione quantistica può trasformare la memoria in una sovrapposizione di più stati. Il computer quantistico, chiamato anche computer quantico, è un dispositivo che può effettuare tutte queste computazioni.

La materia vide la luce nel recente 1980 dal fisico Paul Benioff, che ebbe il merito di aver creato un modello quantistico della macchina di Turing. A lui poi si accodarono fisici del calibro di Richard

Feynman e Jurij Manin, che ebbero il merito di scoprire come un computer quantistico riuscisse a simulare quello che il computer più classico non era in grado di analizzare. La svolta però si ebbe solo nel 1994: Peter Shor, pubblicò un metodo di crittografia, noto come RSA, un algoritmo in grado di fattorizzare qualsiasi numero a grandi velocità di elaborazione. Quattro anni dopo il fisico Bruce Kane, costruì un elaborato quantistico partendo dagli atomi di fosforo che si erano depositati su uno strato di silicio spesso solo 25 nanometri: era la prima rappresentazione del più moderno computer quantistico di Kane. Fu quindi per merito di una semplice intuizione (cosa che succede quasi sempre quanto parliamo di grandi scoperte) che oggi siamo in grado di usare macchine per elaborare calcoli in maniera super veloce e in maniera ancor più precisa dei classici computer: i computer quantistici appunto.

- L'informatica quantistica

L'informatica quantistica è quell'insieme di tecniche di calcolo, e del loro successivo studio, che usano i quanti per riuscire a elaborare e poi memorizzare le informazioni. Questa materia altro non è che la scienza che si occupa di descrivere come funzionano questi computer: la loro unità fondamentale prende il nome di Quantum Bit, Qubit, che può essere rappresentato da un qualsiasi sistema quantistico binario. Le principali differenze che esistono tra i qubit e bit sono la sovrapposizione degli stati, l'engagement e l'effetto tunnel. Con queste nuove proprietà, i computer quantistici sono in grado di elaborare e quindi risolvere problemi che risulterebbero troppo complessi o addirittura irrisolvibili. Le regole alla base sono molto diverse da quelle classiche: se da una parte non solo sono in grado di raggiungere la stessa affidabilità di calcolo, dall'altra riescono anche a eseguire i compiti che i macchinari che si basano sulle leggi classiche non possono fare, come ad esempio generare numeri casuali. Tra i principi dell'informatica quantistica ci sono:

- Il No-cloning: l'informazione quantistica non può essere copiata con fedeltà assoluta, e quindi neanche letta con la stessa fedeltà assoluta;

- L'informazione quantistica può essere trasferita con fedeltà assoluta, a patto che l'originale venga distrutto nel processo: è Il teletrasporto quantistico;

- Qualsiasi misura che venga analizzata ed elaborata su un sistema quantistico, distrugge la maggior parte dell'informazione, lasciandolo in un ostato base: l'informazione, una volta distrutta, non potrà più essere recuperata.

CAPITOLO 2

La Relatività

La relatività, si è sviluppata secondo due tappe che costituiscono, dal punto di vista epistemologico, due vere e proprie teorie: da un lato abbiamo la teoria della relatività ristretta, conosciuta anche come relatività speciale o particolare, dall'altro lato abbiamo la teoria della relatività generale. La costruzione di queste due teorie fu guidata da due epistemologie molto diverse e la seconda, non può essere intesa come una semplice estensione della prima.

La teoria della relatività ristretta

La teoria della relatività ristretta, nasce nel 1905 per un'esigenza sperimentale: c'era bisogno di dare una spiegazione coerente e soddisfacente all'esperimento di Michelson-Morley. Grazie a questo esperimento si era cercato di rivelare la composizione della luce con quella del moto di traslazione della terra attorno al sole.

- L'esperimento di Michelson-Morley, cercava di misurare appunto la velocità della terra rispetto all'etere, in cui si sarebbero propagate le onde elettromagnetiche della luce. La misura era basata sulla figura d'interferenza che era prodotta dalle onde luminose che si riflettevano e che venivano trasmesse lungo i due bracci dell'interferometro. La figura d'interferenza, doveva essere diversa a seguito della rotazione dell'apparato di 90 gradi, a causa della differente velocità della luce lungo il braccio parallelo al moto della terra e lungo il bracco a esso ortogonale. La precisione della misura, grazie al metodo, era altissima. Ma l'esperimento dava figure d'interferenza sempre uguali, indipendentemente dall'orientamento dell'apparato e la terra sembrava ferma rispetto all'etere.

- Composizione delle velocità: secondo la cinematica classica, le velocità si sarebbero dovute sommare, se la terra si allontanava dalla sorgente luminosa oppure sottrarre se veniva rincorsa dalla sorgente stessa. Questo avrebbe permesso di misurare la velocità con la quale la terra si muoveva nello spazio assoluto di Newton, quindi rispetto all'etere che lo riempiva e attraverso il quale la luce viaggiava. Ma l'esperimento rivelò, con un margine d'errore molto accurato, come la velocità della luce nel vuoto fosse sempre identica indipendentemente dal moto della Terra.

Per trovare una spiegazione a quello stato di cose, Einstein seguì una metodologia ben precisa, secondo la quale i concetti della meccanica di Newton dovevano essere riveduti.

1. La metodologia della Relatività ristretta.

La filosofia metodologica che sta alla base della relatività ristretta, è considerata alla base di quello che fu chiamato l'operazionismo, a opera di Bridgman, secondo cui nella fisica devono entrare in gioco solo le grandezze che si possono definire sulla base del metodo con il quale si possono osservare o misurare in via sperimentale. La metodologia della relatività ristretta si fonda su due principi:

• Il principio di costanza della velocità della luce

Questa metodologia è alla base della relatività ristretta e trova radici nell'idea di assumere come principi, per elaborare la teoria, i fatti che resistono a ogni tentativo di falsificare l'osservazione. Quindi il fatto che viene osservato dice che la velocità della luce nel vuoto non si compone con nessun'altra velocità, né con quella della sorgente che la emette e neanche con quella dell'osservatore che la riceve, rispetto a un etere nel quale la luce viaggia, ma diventa uno dei due pilasti su cui si fonda l'intera teoria.

2. Il principio di relatività

Questo principio fu prima formulato da Galilei, per la meccanica, e poi esteso da Einstein per la meccanica, per i fenomeni elettromagnetici e per tutte le altre leggi fisiche. Secondo il principio di relatività meccanica di Galileo «le leggi della meccanica hanno la stessa forma rispetto a tutti gli osservatori in moto relativo traslatorio uniforme». Einstein ritenne insoddisfacente, dal punto di vista epistemologico, che le sole leggi della meccanica fossero invarianti nel passaggio da un sistema inerziale a un altro; inoltre ritenne insoddisfacente che le leggi della meccanica di Newton potessero cambiare la formulazione durante il passaggio da un sistema inerziale verso uno non inerziale.

Einstein riuscì a evidenziare come: «*le leggi della fisica hanno la stessa forma rispetto a tutti gli osservatori in moto relativo traslatorio uniforme».* Questo assunto fu l'estensione del principio della relatività formulato anni prima da Galileo Galilei. Con Einstein finalmente anche l'elettromagnetismo, e le future teorie di tutti i campi, furono incluse nella ricerca della verità.

Le conseguenze di questi due semplici principi furono straordinarie e, a prima vista, anche incredibili. Dal punto di vista della cinematica, la demolizione dei concetti di Newton di spazio e di tempo assoluto, come contenitori autonomi rispetto ai corpi e ai campi che in essi si muovono, portò ad affermare come lo spazio e il tempo in realtà fossero misurati in maniera diversa, a seconda della velocità con cui si muovono subendo da una parte una contrazione delle lunghezze e dall'altra parte una dilatazione del tempo. Di conseguenza si arrivò a pensare che anche la velocità, se è prossima a quella della luce, non può sommarsi e sottrarsi, ma non può mai essere superata. Dal punto di vista della dinamica invece, le conseguenze sono ancor più sorprendenti, con la comparsa dell'equivalenza tra la massa e l'energia, che sono poi contenuti nella famosissima formula della Relatività: **$E= mc^2$**

Secondo questa formulazione, la massa di una certa quantità di materia può essere, in opportune circostanze, trasformata in energia; viceversa, l'energia di una certa quantità di materia può essere, in opportune circostanze, trasformata in massa. La relatività ristretta subì poi una concettualizzazione a opera di Hermann Minkowski: egli ne diede una rappresentazione in uno spazio-tempo a 4 dimensioni, chiamato poi "lo Spazio di Minkowski". All'interno di questo spazio il tempo era la quarta dimensione, che andava ad aggiungersi alle restanti tre dimensioni dello spazio ordinario.

Lo "spazio di Minkowski", dice che l'approccio geometrico alla Relatività si basa sul confronto tra:

- Il concetto di distanza in uno spazio euclideo, che è invariante rispetto alle rotazioni e rispetto alle trasformazioni di Galileo;

- Il concetto d'intervallo in uno spazio pseudo-euclideo, che è invariante rispetto alle pseudo-rotazioni ovvero alle trasformazioni di Lorentz.

Improvvisamente la fisica si stava trasformando in geometria e la percezione intuitiva del moto e della sua dinamicità, sembravano cristallizzarsi in un fissismo geometrico ideale (dal sapore un po' platonico, cartesiano, e spinoziano) un po' freddo forse, per quanto estremamente elegante e simmetrico. Da quel momento si gettarono le basi per concepire la teoria della Relatività generale.

La teoria della Relatività Generale

La Relatività Generale nasce nel 1908, ma fu pubblicata solo nel 1916. La teoria della gravitazione di Newton, la teoria dell'elettromagnetismo di Maxwell e la Relatività ristretta, erano più che soddisfacenti di fronte ai dati sperimentali, ma la fisica teorica era "imperfetta" da un punto di vista logico ed estetico.

La metodologia della Relatività generale: Il criterio di perfezione interna

L'epistemologia di Einstein era ormai diventata diversa da quella della Relatività ristretta, come nota un po' dispiaciuto Bridgman, il teorico dell'operazionismo. Egli era alla ricerca di una teoria che soddisfacesse anche a un criterio epistemologico interno di semplicità, di eleganza e di unificazione. Il suo problema era diventato quello di trovare una spiegazione sempre più unificata di tutta la fisica partendo dall'identificazione dei punti metodologicamente deboli, o risolti in maniera insoddisfacente.

Il prezzo da pagare per questa perfezione interna fu un potente apparato matematico. Con la Relatività generale e con la Meccanica quantistica, il peso dell'apparato matematico nella fisica diventa sempre più rilevante. Si richiedono strumenti non elementari come la geometria differenziale che, a partire dalla Relatività, si svilupperà enormemente, e l'analisi funzionale negli spazi di Hilbert per la Meccanica quantistica. La fisica si distanzia dall'esperienza diretta e dal senso comune.

Il secondo prezzo da pagare per la perfezione interna, fu una maggiore difficoltà nel controllo sperimentale. Stavano ormai per affacciarsi i nuovi problemi:

- Da una parte la ricerca degli invarianti, cioè di quelle grandezze che non cambiano con l'osservatore delle "costanti universali" adimensionali;

- Dall'altra la ricerca delle simmetrie nelle leggi naturali, che costituiscono una sorta di dato oggettivo alla base dell'universo e una guida per la nostra conoscenza di esso.

L'approccio fisico: dal principio di Mach al principio di equivalenza

Per realizzare questo progetto Einstein si ispirò alle considerazioni di Mach a proposito dell'inerzia in rapporto alla gravitazione. Partendo dalle idee di Mach, Einstein giunse alla formulazione del Principio di Equivalenza tra la massa inerziale e quella massa gravitazionale ovvero tra il campo gravitazionale e le forze apparenti che compaiono nei sistemi non inerziali.

Per il Principio di Equivalenza: le leggi della fisica appaiono identiche in un riferimento locale, che è immerso in un campo gravitazione uniforme, e in un riferimento locale, dato da un'accelerazione.

L'approccio geometrico: dallo spazio piatto di Minkowski allo spazio di Riemann

A questo punto della riflessione, occorreva uno strumento matematico adatto per introdurre il principio di equivalenza entro la rappresentazione spaziotemporale a quattro dimensioni, in maniera tale da generalizzare lo spazio di Minkowski della Relatività ristretta in una nuova struttura capace d'includere anche la gravitazione.

Vale la pena sottolineare come faccia, a questo punto, la sua comparsa nella fisica la Non Linearità delle equazioni che si ritrova a causa della curvatura dello spazio-tempo, che ora non è più euclideo. La Relatività generale rappresenta la prima teoria di campo a fare uso sistematico di equazioni "non lineari", che trova applicazione nelle equazioni di Einstein. La stessa tipologia di equazioni che, dopo alcuni decenni, si stanno dimostrando capaci di rivoluzionare l'intero statuto epistemologico delle scienze, con la comparsa del caos deterministico e della complessità.

La ricerca dell'Unificazione

Il criterio della perfezione interna della teoria, intesa come criterio di semplicità, non poteva non essere che un criterio di unificazione. Keplero, Galileo e Newton avevano unificato la meccanica celeste e quella terrestre, Maxwell aveva unificato elettricità e magnetismo, la Relatività ristretta aveva reso compatibili l'elettromagnetismo con la meccanica.

Una teoria dei campi unificati, avrebbe dovuto unificare la Relatività generale con l'elettromagnetismo. Con la Relatività generale non c'erano più, da una parte, i principi della meccanica e dall'altra le leggi della gravitazione di Newton o dell'elettromagnetismo di Maxwell: si ebbe un unico sistema di equazioni per il campo e per il moto, ossia le equazioni di Einstein.

L'epistemologia dell'unificazione non poteva non spingere le ricerche successive verso il tentativo d'inserire anche il campo elettromagnetico in una teoria ulteriormente generalizzata, progetto che, però, Einstein non riuscì a completare.

Dopo la morte di Einstein, avvenuta nel 1955, l'obiettivo dell'unificazione è rimasto latente per un po' nella fisica, fino a risvegliarsi, come un'eredità lasciata proprio dall'autore della Relatività all'intera categoria dei fisici verso la fine del XX secolo. L'interesse per le teorie unificate della gravitazione e dell'elettromagnetismo, in uno spazio-tempo a più di quattro dimensioni, sul modello di quella di Kaluza-Klein verso cui lo stesso Einstein manifestò una particolare attenzione, o in uno spazio con connessione affine al sistema metrico non simmetrico, è al centro anche delle ricerche più recenti.

L'unico problema rimasto fu quello di unire la Relatività e la Meccanica quantistica: l'operazione compiuta da Dirac di combinare le due teorie, su base puramente tecnica, ossia l'applicazione del il metodo della quantizzazione alla Relatività, come si era già applicato all'elettromagnetismo di Maxwell, ha portato alla teoria quantistica dei campi con grandi risultati dal punto di vista del potere previsionale della teoria, realizzando un potente strumento di calcolo.

Ancora oggi la fisica s'interroga su una teoria unitaria: da un lato si sta perseguendo la strada dell'unificazione aperta dalla Relatività e dalla teoria quantistica dei campi, oggi impegnata tra l'altro nell'impresa non facile di quantizzare la gravitazione. Dall'altro lato, e contemporaneamente, ci si è imbattuti nel problema della non linearità, ormai inevitabile anche a causa della stessa Relatività generale che l'ha introdotta per prima. La conclusione? Caos deterministico e complessità che non hanno portato a risultati concreti. La strada che si sta percorrendo è quella della riprova: gli scienziati stanno mettendo a paragone le nuove problematiche con quelle antiche del pensiero greco e medioevale che sembrano come riaffiorare in modo nuovo, interessante e ineludibile.

CAPITOLO 3

I Quanti

Tutti coloro che iniziano a studiare la tanto e complessa materia della fisica, non possono che rimanere affascinati dal mistero di questa materia.

Il punto più dibattuto, cliccato, argomentato, ricercato e studiato, è sicuramente quello riguardante la teoria dei Quanti. Partiamo da un presupposto: la fisica quantistica non è altro che la teoria che descrive come si comporta la materia, la radiazione e tutte le loro interazioni a livello microscopico.

Il termine Quanto deriva dal latino quantum (letteralmente quantità) e, per definizione, è: «*la quantità elementare discreta e indivisibile di una certa grandezza*».

Si iniziò a parlare di Quanto nel 1900, per opera di Max Planck per riuscire a ovviare al problema dello spettro del corpo nero. Fu poi ripresa, cinque anni dopo, da Albert Einstein, per descrivere l'effetto fotoelettrico. Da allora il concetto di Quanto è diventato l'elemento fondante della meccanica quantistica.

La teoria quantistica è stata il frutto di una ricerca fatta sulla radiazione che il corpo nero emetteva: il corpo aveva la capacità di assorbire tutte le radiazioni incidenti e d'irradiarle in maniera dipendente dalla temperatura ma indipendente dalla natura del materiale.

La teoria dei Quanti, abbinata allo studio sull'effetto fotoelettrico portato avanti da Einstein, portò alla scoperta della natura corpuscolare della luce. La teoria trovava fondamento nel criterio della quantizzazione: «*le quantità fisiche come l'energia, non possono essere scambiate in modo continuo ma attraverso dei pacchetti, i quanti. Un sistema può pertanto possedere valori di energia specifici e non illimitati come invece sostenevano le leggi della fisica classica».*

Quando parlava di corpo nero, Einstein riuscì a ipotizzare che la radiazione emessa non fosse mai continua, bensì quantizzata: era quindi emessa in quantità di energia limitata ovvero in quanti di energia. Il Quanto di energia, altro non è che la quantità minima, al di sotto della quale non possono avvenire scambi: gli elettroni vengono emessi da una superficie metallica, a seguito dell'assorbimento dell'energia che è trasportata dalla superficie per mezzo di radiazioni di alta frequenza, come possono essere le radiazioni ultraviolette. A partire dalla teoria dell'elettromagnetico, Einstein fu in grado di elaborare una teoria totalmente nuova, partendo dai suoi dati sperimentali: «*l'energia degli elettroni frequenza della radiazione incidente*». Poiché la natura della luce era ondulatoria, la teoria di Einstein dei Quanti era inspiegabile e non fu accettata, preferendo usare la teoria classica per la quale la luce era fatta di onde. Nonostante lo scetticismo iniziale, la natura corpuscolare della luce fu poi confermata, circa 20 anni dopo, con la scoperta dell'effetto Compton.

Di quanti universi è fatto l'Universo?

Forse non ci pensiamo tutti i gironi, ma quante volte, alzando gli occhi al cielo in una serata piena di stella ci siamo chiesti: «ma siamo davvero soli nell'Universo?», «quanti altri mondi esistono?», «quanti universi paralleli aspettano di essere scoperti?».

Queste, e tante altre domande, sono quelle che muovono la curiosità di voi umani (io sono un Quanto, ricordi?) E, come abitante delle galassie, non possono che essere felice di cercare di rispondere ai tuoi interrogativi.

Gli universi paralleli, di cui tanto senti parlare in film e libri di fantascienza, potrebbero far parte della realtà e non essere solo frutto della nostra fantasia.

Alcuni concetti, in questo ambito, sono assai complessi, fatti di calcoli matematici e congettura ma, per amor della tua conoscenza e della mia voglia di raccontare, cercherò di essere il più chiaro possibile. L'universo, per i fisici, può essere suddiviso in una ripetizione infinita di tutte le combinazioni possibili che, qualsiasi spazio, potrebbe generare in infiniti mondi paralleli. Se dovessimo fare un viaggio in questo infinito spazio, incontreremmo infiniti universi uguali identici al nostro, leggermente diversi, totalmente diversi, e così via.

Ovviamente con questi mondi non si potrebbe comunicare, poiché nulla può viaggiare oltre la velocità della luce: se superiamo la zona di spazio che la luce può aver percorso da quando esiste l'universo, non potremmo comunicare, relazionarci e quindi avere nulla a che fare con tutto quello che si troverebbe oltre questa zona.

E questo è il concetto principale da cui partire.

Ma per poter ovviare a questo "piccolo problema" di comunicazione interspaziale, e soprattutto per rispondere alle domande di cui prima parlavamo, i ricercatori hanno messo a punto alcune teorie che voglio ora esporti:

1. Il Multiverso inflazionario

La teoria inflazionarla ci dice che: «*l'espansione iniziare dell'universo, a seguito del Big Bang, è stata causata da una gravità negativa generata da un particolare campo, cioè dall'inflazione*».

Questa teoria ci dice che l'universo, così come noi lo intendiamo, non sarebbe altro che una di tante bolle che abitano universi di bolle: queste bolle, regolate dalle stesse leggi fisiche, potrebbero cambiare da una all'altra, incidendo anche sulla massa delle particelle elementari.

Le bolle, viste dall'esterno, sarebbero finite ma infinite internamente.

2. Il Multiverso a brane

Questa teoria ci dice che esisterebbero ben 11 dimensioni, fatte di 10 spaziali e di 1 temporale. Tutto quello che ci circonda altro non è che microscopiche stringhe, con un brane in una dimensione e altri brane in altre dimensioni.

I brane potrebbero diventare talmente grandi da occupare tutto lo spazio che ci circonda e quindi, noi, vivremmo su una brane di tre dimensioni. Niente e nessuno potrebbe lasciare la propria brane: le stringhe sono fissate alla brane su cui si trovano, eccetto per i gravitoni.

Questa teoria ci suggerisce come il nostro universo risiederebbe in un brane tridimensionale ma, nello spazio a più dimensioni, ci sarebbero altre brane e, ognuna di esse, conterrebbe un universo parallelo.

3. Il Multiverso ciclico

Secondo questa teoria i mondi si possono scontrare e, da questi urti, potrebbero manifestarsi inizi simili al Big Bang.

Questi fenomeni potrebbero generare universi paralleli nel tempo, nati ed esistiti prima di noi o che esisteranno in futuro. Secondo il Multiverso ciclico, la ciclicità potrebbe esistere da sempre, eliminando quindi il problema dell'origine e della fine di tutte le cose.

4. Il Multiverso paesaggio

L'accelerazione dell'universo è chiamata costante cosmologica: «lo spazio è permeato da una certa quantità di energia oscura di cui, per adesso, non sappiamo molto. Il perché la costante cosmologia abbia proprio il valore che ha, è una questione a cui è difficile rispondere.

Se applichiamo però il principio antropico, tutto è semplice e si riesce a trovare una risposta: noi siamo solo uno dei tanti universi e, in ogni universo, il valore della costante cosmologica cambia».

Tutti questi universi derivano dalla combinazione della cosmologia e della teoria delle stringhe: contrariamente al Multiverso Inflazionario, ogni bolla contiene altre bolle e così via.

5. Il Multiverso Quantistico

Il Multiverso Quantistico gode dell'apporto dell'equazione di Schroedinger: *«nel nostro mondo una particella si trova in un determinato punto ma, in altri mondi, la stessa particella si trova in altri punti».*

Così detto, si andrebbero a creare ed esistere più universi quantistici e, in ognuno di essi, la funzione d'onda andrebbe a decadere in maniera totalmente diversa dalle altre.

6. Il Multiverso olografico

Con lo studio sui buchi neri si è scoperto che l'entropia di un buco nero è proporzionale alla superficie dell'orizzonte degli eventi: non è mai proporzionale al volume, ma alla superficie. Da qui il Multiverso Olografico: «*il nostro universo sarebbe una proiezione di qualcosa che sta su una superficie di confine, un universo parallelo fisicamente equivalente*».

7. Il Multiverso simulato

In un futuro non troppo lontano, con i computer, saremmo in grado di simulare un universo come il nostro. Oggi non disponiamo ancora della tecnologia necessaria e, quando sarà possibile, nell'universo simulato gli uomini e le donne potrebbero creare degli universi simulati. La teoria pone un quesito esistenziale: «*e se anche noi (cioè*

anche tu) fossimo frutto di una simulazione di un
altro universo?».

8. Il Multiverso estremo

Una teoria filosofica, anziché scientifica. Il
Multiverso Estremo deriva da un principio che
afferma come ogni universo possibile sia reale.

Il Cervello Quantico

Il cervello Quantico è uno strumento quantistico delle percezioni e del pensiero: è in grado di comunicare e costruire immagini con colori, suoni e con altre sensazioni per mezzo di collegamenti che hanno dimensioni nanotecnologiche, comportandosi secondo le capacita d'interazione e di comunicazione di una rete d'informazione quantistica. La proprietà' essenziale del Cervello Quantico, che permette d'interagire simultaneamente, è basata sull'Engagement che agisce sulla transizione della comunicazione alle sinapsi, basata sulla trasformazione della informazione bioelettrica in informazioni biochimiche.

La trasformazione, da bioelettrica a biochimica, si rende necessaria per dare vita a una rete neutrale che, lavorando in sequenza temporale, andrebbe a creare i nodi della rete, ossia i neuroni. Questi neuroni, sarebbero da considerarsi fissi, mentre nel Cervello Quantico i nodi di trasformazione, si creano e si annichilano flessibilmente nelle fessure sinaptiche di neurotrasmissione secondo un formalismo simile a quello della teoria dei campi quantistici d'informazione, che per tramite l' engagement permettono una azione simultanea (nano-telepathy) nello scambio d'informazione " biochimica -entangled " che agisce in parallelo, associandosi con modalità complementari a quella sequenziale bioelettrica.

Il Cervello Quantico, quindi, è in grado di esprimere un'ampia gamma di applicazioni tradotte in sequenze temporali; può anche favorire lo scambio d'informazioni tra neuroni, andando a generare la struttura logica della percezione e del pensiero. Questo aspetto, assai innovativo del Cervello Quantico, portò alla biofisica quantistica, che produce attività mentali che vanno oltre alle leggi della fisica quantistica delle particelle.

Prima ti ho nominato l'Engagement: nel Cervello Quantico, è inteso come il principio necessario per modulare l'attività dei neuro trasmettitori che sono confinati a livello d'interfaccia, nano dimensionata, delle sinapsi. Quindi l'Engagement quantistico è fondamentale per capire la simultaneità dello scambio d'informazioni tra i neuroni: essi trasferiscono l'energia dell'informazione sotto forma d'impulsi elettrici nella rete neuronale del cervello.

L'approccio innovativo per comprendere e quindi sfruttare il potenziale del Cervello Quantico, oggi è proposto nei progetti artistici e scientifici: si cercano sempre collaborazioni per realizzare una revisione dei principi fondamentali della neurobiologia, così da offrire nuovi sviluppi alla creatività scientifica e artistica. È questa la scommessa che scienziati e ricercatori si augurano di portare a termine in tempi brevi, così che si possa sfruttare il Cervello Quantico in ogni aspetto della creatività umana.

I Buchi Neri

Il buco nero è denso e assai compatto e niente e nessuno potrà mai sfuggire alla sua forza di attrazione: sulla terra se un oggetto viene lanciato una velocità minima di 11km/sec, sarà in grado di fluttuare nell'atmosfera; nel buco nero invece, questa cosiddetta velocità di fuga supera la velocità della luce (300 000 km/ sec) ed è davvero difficile da contrastare. La prima cosa che gli appassionati di fisica si domandano è «cosa succede in un buco nero e cosa succederebbe se venissimo risucchiati al suo interno». La buona notizia è che no, non si muore sul colpo; la cattiva notizia è che dietro c'è davvero tanto.

Le maggiori risposte dietro ai tanti quesiti che compongono lo spettro dei buchi neri, sono state elargite dal professore Benjamin Knispel, docente di cattedra dell'Istituto Albert Einstein per la Fisica Gravitazionale di Hannover.

I buchi neri sono corpi celesti al cui interno la materia è trasformata in energia. Per ogni galassia dovrebbero esserci almeno un buco nero, costituito da ammassi di stelle. I buchi neri possono essere classificati in base alla loro massa, indipendentemente dal loro momento angolare o dalla loro carica elettrica. Oggi siamo in grado di conoscere quattro categorie di buchi neri:

- Super massicci: hanno una massa milioni di volte superiore a quella del Sole. Questi buchi neri sono i più grandi, hanno una densità media inferiore rispetto all'acqua e inversamente proporzionare al quadrato della loro massa. I fisici ritengono che un buco nero super massiccio sia presente al centro di ogni galassia, Via Lattea inclusa.

- Di massa intermedia: sono più piccoli e si trovano al centro degli ammassi stellari. La loro origine è in dubbio: è molto probabile che si siano formati a seguito del collasso gravitazionale di una stella o per la collisione di stelle massicce in ammassi stellari.

- Stellari: nati dal collasso gravitazionale di una stella massiccia, questi buchi neri si caratterizzano per la loro massa, per la loro carica e per il momento angolare.

- Micro buchi neri: con una massa simile a quella del Sole, i micro buchi neri tengono a evaporare molto velocemente a causa della loro piccola dimensione.

A seguito della teoria della relatività di Einstein, sappiamo che lo spazio si piega per la forza gravitazionale: ma nei buchi neri, le leggi fisiche che conosciamo sono fuori dai giochi. Infatti se il sole diventasse un buco nero non ce ne accorgeremmo neanche finché tutto non diventasse improvvisamente buio.

Il vero problema però è la vicinanza al buco nero: si verrebbe immediatamente risucchiati.

Uno degli interrogativi maggiori è il seguente: cosa succederebbe a un astronauta risucchiato in un buco nero? Knispel ha dato la sua personale e oggettiva risposta: «*se il buco nero è abbastanza grande l'uomo non morirebbe. Andrebbe incontro a uno strano desisto che ha a che fare con diverse realtà. Si viene risucchiati all'infinito e si prende fuoco. Quando si entra in un buco nero, la realtà si divide in due: da una parte si è inceneriti, dall'altra non si subisce alcun danno. Ma è certo che una volta entrati non si può tornare indietro*».

Ancora è incerto cosa si possa trovare in un buco nero, probabilmente si incontrerebbe un universo a parte, talmente nero da aver ingoiato tutta la luce e non averla fatta più uscire.

Quando ci si avvicina a un buco nero i suoni diventano lenti e profondi e la vista peggiora: tutto è offuscato, rosso e scuro, la vista si incurva e l'orizzonte svanisce.

CAPITOLO 4

Il dualismo quantico e il principio di complementarietà

La fisica, come stiamo imparando in questo libro, è una materia tanto affascinante quando misteriosa e sì, anche complessa. Uno dei concetti forse più importanti della fisica, riguarda i Quanti che, per quanto siano ancora un'incognita per molti studiosi, sono ciò che fa avvicinare studiosi, lettori, ricercatori e amatori alla fisica.

Partiamo da un presupposto: la fisica quantistica non è altro che la teoria che descrive come si comporta la materia, la radiazione e tutte le loro interazioni a livello microscopico. In fisica il quanto, che prende il suo nome dal latino quantum che significa quantità, è la quantità elementare discreta e indivisibile di una certa grandezza.

Il Quanto fu formulato, per la prima volta, nel lontano 1900 da Max Planck, che voleva trovare risposte ai vari interrogativi che circondavano gli spettri dei corpi neri; fu poi ripresa, in una formula più complessa e in senso strettamente fisico, da Alber Einstein cinque anni dopo, per descrivere l'effetto fotoelettrico. Il concetto di Quanto, da allora, è divenuto l'elemento fondante di tutta la meccanica quantistica.

La teoria quantistica fu il frutto di una ricerca condotta da Max Planck sulla radiazione emessa da un corpo nero: il corpo era in grado di assorbire totalmente le radiazioni incidenti ed era in grado poi d'irradiarle in maniera indipendente dalla natura del materiale ma dipendente dalla temperatura.

La teoria dei quanti, si basa sul criterio della quantizzazione, che così afferma: «*le quantità fisiche, come l'energia, non posso essere* scambiate in modo continuo ma solo attraverso dei pacchetti, ossia i Quanti. Un sistema può, quindi, possedere valori di energia specifici e mai illimitati, come invece fu sostenuto dalle leggi della fisica classica».

Quando si riferiva al corpo nero, Einstein ha ipotizzato che le radiazioni emesse non fossero continue, bensì quantizzate: erano emesse in quantità di energia limitate attraverso i Quanti di energia. Questo Quanto di energia è definito come: «la quantità minima al di sotto della quale non può avvenire alcuno scambio». Gli elettroni sono emessi da una superficie metallica a seguito dell'assorbimento dell'energia che viene trasportata sulla superficie stessa attraverso delle radiazioni di frequenza alta, come ad esempio dalle radiazioni ultraviolette.

Continuando a considerare la teoria dell'elettromagnetismo classico, che dice come l'energia cinetica degli elettroni emessi dipenda dall'intensità della radiazione incidente, Einstein è riuscito a formulare la nuova teoria, partendo da dati sperimentali. L'energia degli elettroni ora è divenuta indipendente dall'intensità ma è dipendente dalla frequenza della radiazione incidente.

Poiché la natura della luce era ondulatoria, la teoria dei quanti di Einstein risultò inspiegabile per cui non venne accettata e si continuò quindi a usare la teoria classica, che consistenza in luce di onde. Per godere dell'ipotesi sulla natura crepuscolare della luce, si dovette aspettare ben 17 anni, con la scoperta dell'effetto Compton.

Il dualismo onda particella

Per riuscire a spiegare effetti come quello fotoelettrico, Einstein diceva che la luce aveva delle proprietà particellari; per spiegare altri fenomeni, come ad esempio la dispersione della luce nello spettro di un prisma, ci si basava sulla teoria ondulatoria della luce e, questo, ha portato alla concretizzazione che la luce ha una duplice natura.

De Broglie propose una spiegazione per l'esistenza di orbite nel modello di Bohr: poiché gli elettroni hanno delle proprietà ondulatorie, e abitano nelle orbite di un raggio determinato, possono verificarsi solo poche frequenze e alcune energie. Il fisico arrivò a formulare la propria equazione.

L'equazione di Einstein è la seguente:

$$E=mc^2$$

Ricordiamo che la m sta per la massa relativistica del fotone.

L'equazione di Planck invece è la seguente:

$$E=h\nu$$

E se andiamo a unire le due leggi, otteniamo la seguente formula:

$$H\nu=mc^2$$

$$H\nu/c=mc=p$$

Dove la p sta per la quantità di moto del fotone.

Usando poi $\nu\lambda=c$, otteniamo:

$$P=h/\lambda$$

Per poter usare questa equazione, De Broglie fece una modifica, andando a sostituire alla p il peso equivalente dell'elettrone. Il risultato fu il prodotto della massa della particella m, per la sua velocità u.

Ed ecco che finalmente, si arrivò alla relazione di De Broglie:

$$\Lambda=h/p=h/mu$$

Questa equazione ci dice che gli oggetti pesanti, hanno dimensioni più piccole rispetto agli oggetti e, poiché essendo piccoli, hanno velocità simile alle dimensioni. Quindi, se la massa è elevata, si ha meno possibilità d'incorrere in errori durante il calcolo per determinare la posizione e la velocità; viceversa se la massa è piccola e la velocità è elevata, è impossibile stabilire la posizione con accurata certezza.

De Broglie chiamò quelle onde associate alle particelle materiali "onde materiali": le onde esistevano per le particelle più piccole e un fascio di particelle, come appunto gli elettroni, aveva proprietà proprie delle onde, come ad esempio la diffrazione. Quindi, se l'elettrone può essere descritto come un'onda, deve necessariamente produrre diffrazione e interferenza.

Quando le lunghezze dell'onda si possono confrontare con le dimensioni atomiche o con quelle nucleari, il dualismo onda-particella diventa una componente essenziale. Ancora oggi però, anzi purtroppo, questa teoria risulta di scarsa applicazione per gli oggetti di grandi dimensioni, poiché le loro lunghezze d'onda risultano troppo piccole per esser misurate: per questi oggetti, l'unica via applicabile diviene l'uso delle leggi elaborate dalla fisica classica. Ma confido che, il tempo e la ricerca, ci doneranno altre sensazionali scoperte.

Il Principio di complementarietà

Il principio di Complementarietà dice che: «*il duplice aspetto di certe rappresentazioni fisiche dei fenomeni a livello atomico e subatomico, non può mai essere osservato contemporaneamente durante lo stesso esperimento*»

Tale principio fu enunciato da Niels Bohr nel 1927 e segnò un vero punto di svolta con la fisica classica, la logica e i dualismi quantistici.

Per definizione sappiamo che il principio di complementarietà è: «*il principio dovuto a Bohr, secondo il quale gli aspetti corpuscolari e ondulatori di un fenomeno fisico, non si manifestano mai simultaneamente ma ogni esperimento, che permetta di osservare l'uno, impedisce l'osservazione dell'altro. I due aspetti sono tuttavia complementari, poiché entrambi risultano essere indispensabili per fornire una descrizione fisica completa del fenomeno».*

Tempo fa gli studiosi che volevano affrontare i fenomeni meccanici, quelli termici e acustici, ricorrevano alla fisica classica mentre per studiare i fenomeni elettromagnetici usavano la legge di Maxwell. Gli unici a rimanere esclusi da questa cornucopia di studio risultavano essere i fenomeni meccanici e ondulatori. L'interesse dei ricercatori per il mondo microscopico, portò questi uomini e queste donne a osservare le contraddizioni: quando la diffrazione degli elettroni poneva in evidenza l'aspetto ondulatorio delle particelle, i fenomeni come lo spettro del corpo nero, l'effetto fotoelettrico, l'effetto Compton e anche l'emissione spontanea, si potevano spiegare solo confermando come le onde elettromagnetiche fosse formate da corpi microscopici con un'energia e un valore fisso e indivisibile. Questi corpi presero poi il nome di fotoni e fu un grande passo in avanti per la scienza.

Ma la fisica quantistica contempla anche altri dualismi, come ad esempio:

- l'Energia e l'intervallo temporale;
- La Complementarità;
- La Posizione e la quantità di moto;
- Lo Spin su diversi assi.

Fermiamoci un attimo proprio sulla Complementarità. Quando Bohr fu davanti a tutte queste numerose contraddizioni, non poté che affermare come gli aspetti duali fossero complementari e costretti all'esclusione a vicenda: l'osservazione di un singolo processo, precludeva l'osservazione di un altro processo, e così via.

La prima manifestazione della complementarità fu la rappresentazione spaziotemporale affiancata a quella della casualità, insieme a binomio fatto di rappresentazione corpuscolare e rappresentazione ondulatoria. Heisenberg descrisse così la situazione: «*Anche se esiste un corpo di leggi matematiche "esatte", queste non esprimono relazioni tra oggetti esistenti nello spazio-tempo; è vero che approssimativamente si può parlare di onde e crepuscoli, ma le due descrizioni hanno la stessa validità. Per converso la descrizione cinematica di un fenomeno, ha bisogno di essere osservata in maniera diretta: e poiché osservare vuol dire interagire, questo va a precludere la validità rigorosa del principio di casualità*».

L'unica cosa da fare era descrivere i fenomeni nello spazio e nel tempo, senza dimenticare le limitazioni del principio d'indeterminazione di Heisenberg.

Il Principio d'indeterminazione

Il principio d'indeterminazione ci dice che non è possibile misurare contemporaneamente e con estrema esattezza le proprietà che definiscono lo stato di una particella elementare.

Facciamo un esempio: mettiamo caso di voler misurare la posizione di una particella davvero piccola, impossibile da vedere a occhio nudo. Grazie a un potente microscopio possiamo riuscire a trovarne la posizione ma per farlo dovremmo illuminare la particella con della luce: dato che la luce porta energia, la particella riceverebbe una spinta che cambierebbe il suo stato di moto. Più la particella s'illumina, più ha energia, più cambia il suo movimento e la sua velocità: tutto questo si riduce alla scarsa possibilità di determinare la sua velocità di partenza: viene quindi da sè che la posizione e l'impulso, comportino una complessiva indeterminazione.

Il principio quindi, dice che chi fa la misura non può mai esser considerato un semplice osservatore: il suo intervento durante la misurazione, produce degli effetti che non si possono misurare ovvero calcolare e quindi l'indeterminazione non si può eliminare. Perciò avendo a disposizione una quantità più determinata di moto, l'incertezza sulla localizzazione non può che risultare sempre in aumento.

Il Principio d'indeterminazione di Heisenberg

Werner Heisenberg fu il teorico del principio d'indeterminazione e disse: «è *impossibile determinare con precisione la posizione x e la quantità di moto p di un corpo. Il prodotto delle incertezze non può mai essere reso minore di una quantità molto piccola ma finita*».

Questa indeterminazione riguarda sempre una coppia di grandezze associate e mai una sola: ogni qualvolta si cerca di ridurre l'incertezza su una delle due grandezze, si perde qualcosa nella determinazione dell'altra.

Heisenberg fece ricorso a un esperimento ideale per far meglio comprendere il significato fisico di questo principio: per avere informazioni su un oggetto che si trova a passare in una certa zona di spazio occorre inviare su di esso un segnale che torna indietro. Quando si cerca d'intercettare un radar aereo, si usano delle onde elettromagnetiche che hanno una lunghezza d'onda assai minore rispetto alle dimensioni dell'aereo, e che si possono riflettere senza subire una diffrazione. Infatti le radiazioni di lunghezza d'onda più grande agirebbero la sagoma dell'aereo senza tornare indietro.

Anche se riguarda componenti della materia più complesse, voglio informarti sull'esistenza di una seconda formulazione, sempre fatta da Heisenberg che, usando altre due grandezze abbinate in modo analogo alla posizione, riesce a determinare la quantità di moto: «è impossibile determinare con precisione a piacere l'energia E posseduta da un oggetto in un certo istante t e l'istante corrispondente. Il prodotto delle incertezze $\Delta E\ \Delta t$ non può mai essere reso minore di h tagliato (1K)». La seconda formulazione di

Heisenberg ci dice che, qualora volessimo misurare l'energia emessa da un elettrone in un salto quantico tra due livelli energetici di un atomo, la precisione della misura di E aumenterà l'incertezza sulla durata della transizione.

Printed by Amazon Italia Logistica S.r.l.
Torrazza Piemonte (TO), Italy

52490161R00060